Jagandeep Kaur
Nisha Charaya
Swarnalika Nagi

Filtro FIR usando somadores baseados na técnica SPST

Jagandeep Kaur
Nisha Charaya
Swarnalika Nagi

Filtro FIR usando somadores baseados na técnica SPST

ScienciaScripts

Imprint
Any brand names and product names mentioned in this book are subject to trademark, brand or patent protection and are trademarks or registered trademarks of their respective holders. The use of brand names, product names, common names, trade names, product descriptions etc. even without a particular marking in this work is in no way to be construed to mean that such names may be regarded as unrestricted in respect of trademark and brand protection legislation and could thus be used by anyone.

Cover image: www.ingimage.com

This book is a translation from the original published under ISBN 978-3-330-33168-6.

Publisher:
Sciencia Scripts
is a trademark of
Dodo Books Indian Ocean Ltd. and OmniScriptum S.R.L publishing group

120 High Road, East Finchley, London, N2 9ED, United Kingdom
Str. Armeneasca 28/1, office 1, Chisinau MD-2012, Republic of Moldova, Europe
Printed at: see last page
ISBN: 978-620-8-30111-8

ABREVIATURAS.

SPST	Spurious Power Suppression Technique
CSLA	Carry Select Adder
CLA	Carry Look Ahead Adder
PPR	Partial Product Reduction
PPG	Partial Product Generation
CPA	Carry Propagate Addition
LUT	Look Up Table
FIR	Finite Impulse Response
IIR	Infinite Impulse Response
RCA	Ripple Carry Adder
LUT	Look Up Table
RTL	Register Transfer Level
HDL	Hardware Descriptive Language
MSP	Most Significant Part
LSP	Least Significant Part
MSB	Most Significant Bit
LSB	Least Significant Bit
ALU	Arithmetic Logic Unit

Capítulo 1

INTRODUÇÃO

Com a crescente integração, estão a ser construídos sistemas de processamento de sinais cada vez mais complexos num chip VLSI (1). Estas aplicações de processamento de sinais não só são computacionalmente intensivas, como também consomem enormes quantidades de energia. Dado que a potência, a área e a velocidade continuam a ser os três principais objectivos de desenvolvimento, o consumo de energia e a velocidade tornaram-se factores decisivos no desenvolvimento de sistemas VLSI modernos. A necessidade de sistemas VLSI eficientes do ponto de vista energético é motivada por dois factores principais. Em primeiro lugar, com o aumento constante da frequência de funcionamento e da potência de computação, tem de ser fornecida uma corrente elevada ao chip e o calor gerado pelo elevado consumo de energia tem de ser dissipado por técnicas de arrefecimento adequadas. Em segundo lugar, a duração da bateria dos dispositivos electrónicos práticos é limitada. O efeito imediato do baixo consumo de energia é prolongar a vida útil destes dispositivos portáteis (1).

Os filtros de resposta finita ao impulso (FIR) são frequentemente utilizados em muitas aplicações ou sistemas DSP. Em algumas dessas aplicações, o circuito do filtro FIR precisa de ser um circuito potente que funcione a taxas de amostragem elevadas. Noutras aplicações, porém, o circuito do filtro FIR tem de funcionar a uma taxa de amostragem razoável. O processamento em bloco (ou paralelo) pode ser aplicado a filtros FIR digitais, quer para aumentar a velocidade, quer para reduzir a perda de potência do filtro inicial (2). A implementação de filtros FIR sequenciais já foi amplamente discutida, mas muito pouco foi feito para reduzir diretamente a complexidade do hardware ou o consumo de energia dos filtros FIR paralelos (2). Tradicionalmente, a aplicação do processamento paralelo a um filtro FIR implica a duplicação dos blocos de hardware presentes no filtro inicial. A topologia do circuito de multiplicação também tem um impacto no consumo de energia.

O multiplicador é o elemento mais importante dos filtros FIR. O multiplicador é um dos elementos FIR mais lentos e ocupa uma vasta gama da qual depende o desempenho global do filtro. Atualmente, um equipamento mais rápido e mais eficiente em termos energéticos é uma condição sine qua non tanto para engenheiros como para consumidores. Consequentemente, o aumento da velocidade, do consumo de energia e da área do multiplicador são os principais objectivos de conceção no fabrico de sistemas DSP, como os filtros. Uma vez que existe uma relação de compromisso entre a área e a velocidade, um aumento da velocidade conduz sobretudo a um aumento da área. Se o consumo de corrente e a velocidade dos componentes puderem ser melhorados, o desempenho do circuito acabará por aumentar também. Em muitos circuitos digitais, o multiplicador é o que consome mais corrente e provoca atrasos. Existem diferentes tipos de multiplicadores, e cada um deles é descrito por diferentes algoritmos e estruturas. Estes multiplicadores têm também parâmetros de desempenho diferentes e cada um deles pode ser modificado para obter melhores parâmetros de desempenho, como o multiplicador em série, o multiplicador paralelo, o multiplicador em matriz, o multiplicador em árvore de Wallace e o multiplicador de bancada. O objetivo de um bom multiplicador é criar um dispositivo fisicamente compacto, com baixo consumo de energia e alta velocidade.

Este trabalho apresenta uma nova metodologia de projeto para a realização de um multiplicador de alta velocidade e baixo consumo de corrente, utilizando uma técnica de supressão de interferências modificada (SPST). Na última secção, o multiplicador proposto foi utilizado para a conceção e realização de um filtro FIR de baixo consumo de corrente.

1.1 CONCEPÇÃO DE UMA CAIXA DE VELOCIDADES ENERGETICAMENTE EFICIENTE

A multiplicação consiste em três etapas: geração de produtos parciais ou PPs (PPG), redução de produtos parciais (PPR) e adição final com transporte (CPA).

Em geral, existem implementações sequenciais e combinatórias de multiplicadores. Neste trabalho, foi considerado o multiplicador em árvore de Wallace, uma vez que o grau de integração é atualmente suficientemente grande para aceitar uma implementação paralela do multiplicador em sistemas digitais VLSI. Os diferentes algoritmos de multiplicação distinguem-se pelas abordagens PPG, PPR e CPA. No caso do PPG, a multiplicação vetorial bit a bit com Radix 2 é a forma mais simples, uma vez que a multiplicação vetorial bit a bit é efectuada por uma série de portas AND (1). Para reduzir o número de PP e, por conseguinte, o intervalo/atraso de redução de PP, um único operando é normalmente recodificado em conjuntos de dígitos de radix elevado. O mais popular é o conjunto de dígitos Radix-4 {-2, -1, 0, 1, 1, 2}. Existem duas abordagens para a PPR: redução linha a linha, ou seja, efectuada por uma matriz de somadores, e redução coluna a coluna, ou seja, efectuada por uma matriz de contadores. Para a redução linha a linha, existem duas classes extremas: a matriz linear e a matriz em árvore. A matriz linear tem uma latência *de* $O(n)$, enquanto a matriz em árvore e a redução coluna a coluna têm uma latência *de* $O(\log n)$, em que n é o número de produtos parciais. A CPA final requer um esquema de adição rápido, uma vez que se encontra no caminho crítico (1). Como o somador Carry-Select é o somador mais rápido, o somador Carry-Select baseado em SPST proposto, que é mais rápido do que o CSLA tradicional, foi utilizado para a CPA final.

Os multiplicadores estão disponíveis em diferentes modelos:

- Multiplicador de cabina
- Multiplicador normal
- multiplicador de árvore Wallace
- Multiplicador de tabela

1.1.1 Multiplicador de cabina

O algoritmo de multiplicação de Booth é um método para multiplicar números inteiros binários na representação de 2 complementos com sinal, como mostra a Figura 1. O algoritmo de Booth é uma manobra inteligente para multiplicar números com sinal. Permite tanto a adição como a subtração, pelo que o produto pode ser calculado de várias formas. O algoritmo de Booth é um algoritmo de multiplicação que utiliza a representação assinada do complemento de 2 (12) para multiplicar números binários.

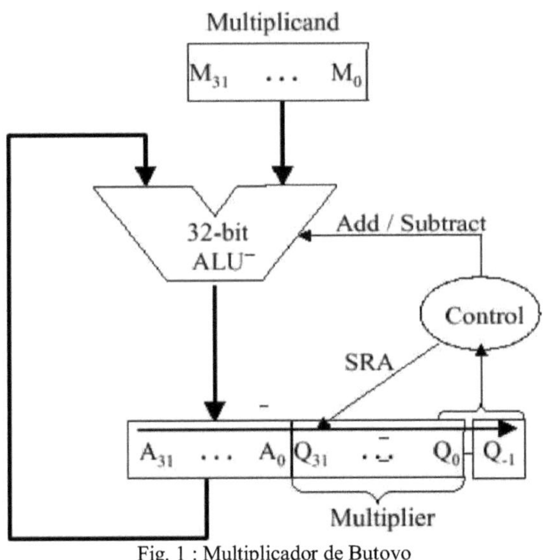

Fig. 1 : Multiplicador de Butovo

1.1.2 Multiplicador de combinação

Os multiplicadores combinatórios multiplicam dois números binários sem sinal. Este multiplicador também é utilizado para multiplicar dois números com sinal. O produto é atribuído de acordo com a posição do bit no multiplicador e, em seguida, os produtos resultantes são adicionados para obter o resultado final (3). A principal vantagem da multiplicação binária é o facto de ser fácil criar produtos parciais. Se o bit do multiplicador for 1, o produto é uma cópia corretamente deslocada do multiplicando; se o bit do multiplicador for 0, o produto é simplesmente 0. Na maioria dos sistemas, os multiplicadores combinatórios são lentos e ocupam muito espaço.

1.1.3 Multiplicador de árvore Wallace

Wallace introduziu a técnica de compressão de colunas para acelerar o multiplicador. Com este multiplicador, o atraso total é diretamente proporcional ao logaritmo do comprimento do bit do termo de multiplicação (3). O multiplicador de árvore de Wallace é um dos multiplicadores mais rápidos, porque o atraso varia logaritmicamente e não linearmente no caso do multiplicador de árvore de Wallace. Para multiplicação por N bits.

S é o número de etapas redundantes no subproduto.

S = log2n

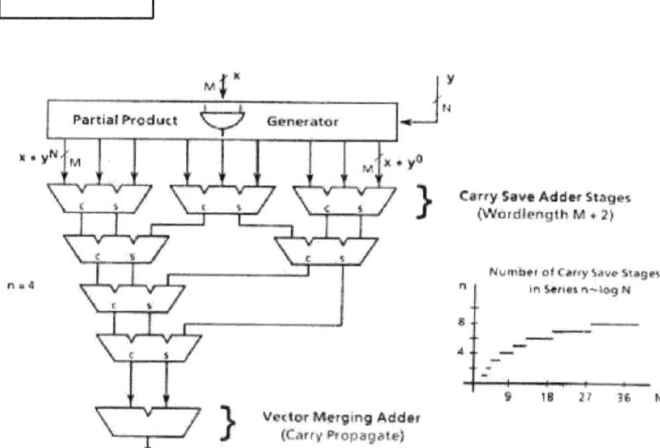

Figura 2: Multiplicador em árvore Wallace

1.1.4 Multiplicador de tabela

O multiplicador de matriz é conhecido pela sua estrutura regular. O circuito multiplicador baseia-se num processo repetitivo de adição e deslocação. Cada produto parcial é criado multiplicando o multiplicador por um bit de multiplicação (3). Os produtos parciais são deslocados de acordo com a sua sequência de bits e depois adicionados. A adição pode ser efectuada utilizando um somador de propagação de transporte convencional. Para adicionar todos os produtos parciais, são necessários N-1 somadores, em que N é o número de bits no multiplicador (3).

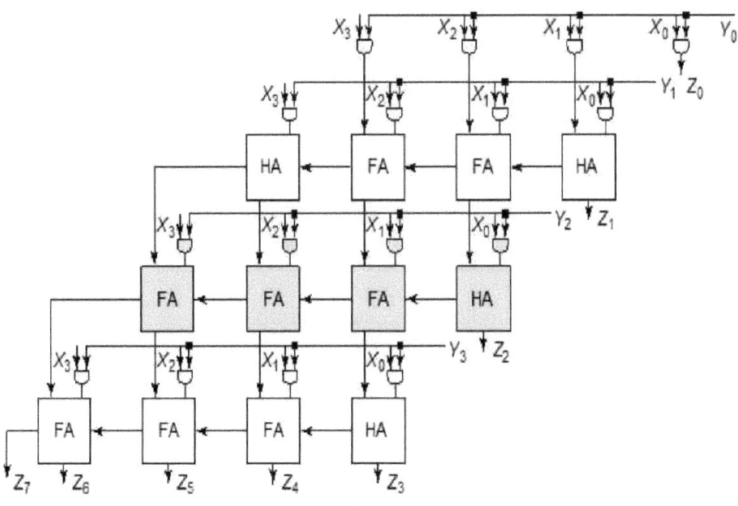

Figura 3: Multiplicador de massa

1.2 ADICIONADORES

Os computadores digitais executam uma grande variedade de tarefas de informação. Entre as várias funções encontram-se as operações aritméticas e lógicas, sendo a adição a operação aritmética mais simples com dois dígitos binários (17). Os somadores funcionam corretamente tanto com números sem sinal como com números com sinal. Em muitos computadores e noutros tipos de processadores, os somadores são utilizados não só na unidade lógica aritmética (ALU), mas também noutras partes do processador, onde são utilizados para calcular endereços, índices de tabelas e muito mais.

A UAL de um computador digital é um aspeto da conceção lógica que desenvolve algoritmos adequados para utilizar eficazmente o hardware disponível (17). A base do funcionamento do hardware é um algoritmo que constrói uma hierarquia de operações booleanas e aritméticas a executar. Dado que a velocidade e o consumo de energia da UAL são as medidas mais comummente utilizadas para medir a eficiência dos algoritmos, é necessário desenvolver UAL de alta velocidade,

Somador de baixo consumo de energia. Numa ALU, a adição é mais demorada quando se utiliza um somador Ripple convencional (13).

O desenvolvimento de somadores de alta velocidade com baixo consumo de energia num espaço reduzido continua a ser uma área de investigação interessante. Existem diferentes tipos de somadores, como o RCA, o CSLA e o CLA, dependendo de parâmetros como a área de superfície, a velocidade e o consumo de energia.

Uma estratégia comum para desenvolver somadores rápidos consiste em modificar os somadores existentes para reduzir o tempo de execução, reduzindo o tempo necessário para gerar sinais de transporte. Os somadores que utilizam este princípio são designados por somadores de pesquisa de transporte (12). Outro requisito importante para qualquer circuito é minimizar a perda de potência, o que pode ser conseguido utilizando a técnica SPST para reduzir as comutações indesejadas.

1.2.1 Adder móvel

Por ser um somador paralelo, o somador de transporte reduz o atraso de propagação. A sua maior complexidade de hardware torna-o um somador mais caro (11). A lógica de transmissão através de grupos de bits de somadores fixos é condensada em lógica de dois níveis através de transformações na conceção do somador Ripple-Carry. Este método utiliza portas lógicas para examinar o grupo inferior de bits do envelope e do somador para determinar se deve ser gerado um bit de transporte de ordem superior (14).

É constituído por um somador completo e um bloco lógico de transporte que gera dois sinais: a geração do transporte (Gi) e a propagação do transporte (Pi) com uma representação matemática sob a forma de um

Pi =Ai ^Bi

Gi = Ai & Bi

A geração do sinal depende da propagação ou geração do transporte no passo anterior (16). Como a propagação (Pi) e a geração (Gi) dependem dos bits nessa posição específica, são geradas separadamente e o somador não tem de esperar por Cin. Isto reduz o atraso e acelera o processo de adição.

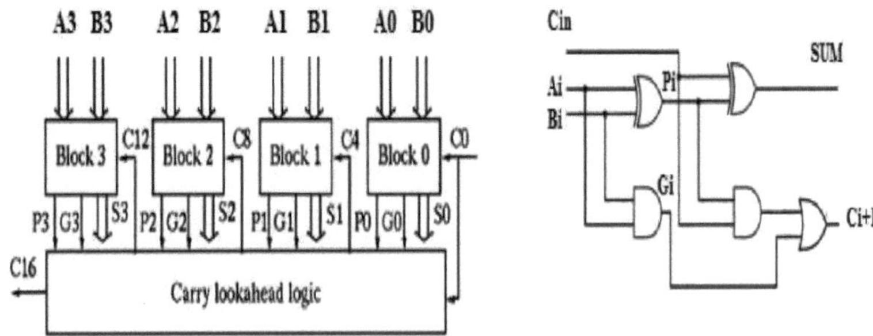

Fig. 4 : Computador com avanço de transferência (13)

1.2.2 Somador com seleção de retenção

O somador Carry-Select (CSLA) é uma forma especial de somar mais de dois números binários. O CSLA é o mais simples e mais rápido e consiste num somador de transporte (RCA) e em multiplexadores de grande área (16). A estrutura de um CSLA de 4 bits é mostrada na Figura 5. Cin é "0" para o somador superior e "1" para o somador inferior. O transporte de entrada do segmento anterior seleciona um destes dois RCAs. Se Cin for zero ou um, a soma e Cout do somador superior e do somador inferior são selecionados.

No CSLA, a adição de dois números de n bits é efectuada utilizando dois RCA, um tratando Cin como "0" e o outro como "1". Os resultados são enviados para a entrada de um multiplexador 2:1 e a transmissão efectiva é utilizada como uma linha selectiva (16).

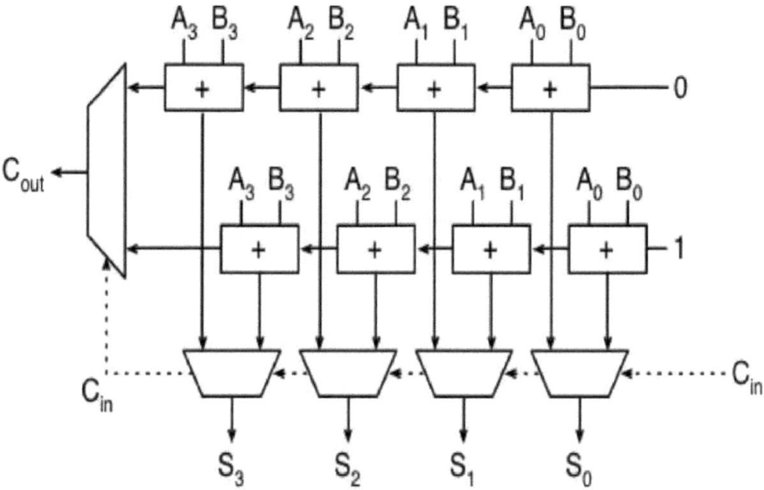

Fig. 5 : Somador com seleção de transporte

1.3 FILTROS

Um processo fundamental no processamento digital de sinais (DSP) é a filtragem. Este processo é utilizado em muitos dispositivos electrónicos para eliminar uma parte do sinal que é supérflua ou que perturba o sinal. A utilização de filtros pode ser caracterizada de duas formas: **separação do sinal** e **restauração do sinal** (3). Os sinais que são corrompidos por interferências e ruídos requerem técnicas de separação de sinais. Por exemplo, um dispositivo concebido para medir o movimento elétrico do coração de um bebé no útero é distorcido pelo sinal da respiração e dos batimentos cardíacos da mãe. Nestas situações, são utilizados filtros para separar os sinais e estudá-los separadamente. Se o sinal estiver distorcido, é utilizado um procedimento para o restaurar. Uma gravação áudio efectuada com equipamento de má qualidade é filtrada para produzir uma saída de melhor qualidade do que o sinal áudio original (3). A resposta em frequência e a resposta ao impulso do filtro são apresentadas na figura 6. 6.

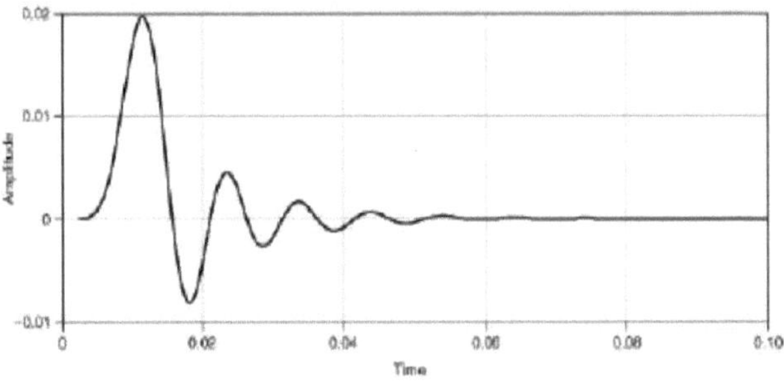

Impulse Response

FWHM = % bandwidth * center frequency

Frequency (MHz)

Frequency Response

Fig. 6: Resposta a impulsos e frequências (23)

1.3.1 Filtro FIR

Os filtros digitais são geralmente utilizados para modificar ou alterar as caraterísticas de um sinal no domínio do tempo ou da frequência. O filtro digital mais comum é o filtro linear invariante no tempo (LTI). Um filtro LTI interage com o seu sinal de entrada através de um processo designado por convolução linear, em que y(n) = f(n)*x(n), sendo f a resposta ao impulso do filtro, x o sinal de entrada e y o sinal de saída convoluído (2). O processo de convolução linear é formalmente definido da seguinte forma:

$$\mathbf{y[n] = x[n] * f[n] = \sum_{k=0} f[k]x[n-k]}$$

Os filtros digitais LTI são geralmente classificados como filtros de resposta ao impulso finito (FIR) ou de resposta ao impulso infinito (IIR) (4). Como o nome indica, um filtro FIR é constituído por um número finito de amostras, o que reduz a soma da convolução acima referida a uma soma finita sobre um único ponto de saída de amostra (2). O filtro FIR de coeficiente constante é um filtro digital LTI. A saída do filtro FIR de ordem ou comprimento L para a série temporal de entrada x[n] é dada por uma versão finita da soma de convolução, representada por :

$$y[n] = x[n] * f[n] = \sum_{k=0}^{L-1} f[k]x[n-k]$$

Where f[0] ≠0 through f[L- 1] ≠ 0 are the filter's L coefficients. They also correspond to the FIR's impulse response. For LTI systems it is sometimes more convenient to express in the z-domain with (2)

$$Y(z)=F(z)X(z)$$

Where F(z) is the FIR's transfer function defined in the z-domain by

$$F(z)=\sum_{k=0} f(z)z^{-k}$$

A representação gráfica do filtro LTI-FIR de 3ª ordem é mostrada na Figura 7. 7. Pode ver-se que é constituído por uma série de "linhas de atraso com derivação", somadores e multiplicadores (2). Um dos operandos fornecidos a cada multiplicador é o coeficiente FIR, frequentemente designado por "tap weight" por razões óbvias. Historicamente, o filtro FIR é também conhecido como "filtro transversal"(5) .

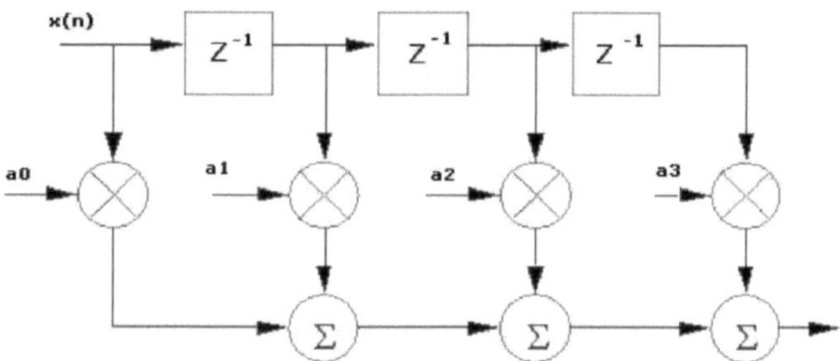

Fig. 7: Forma reta do filtro FIR (24)

1.3.2 Filtro FIR com estrutura transposta

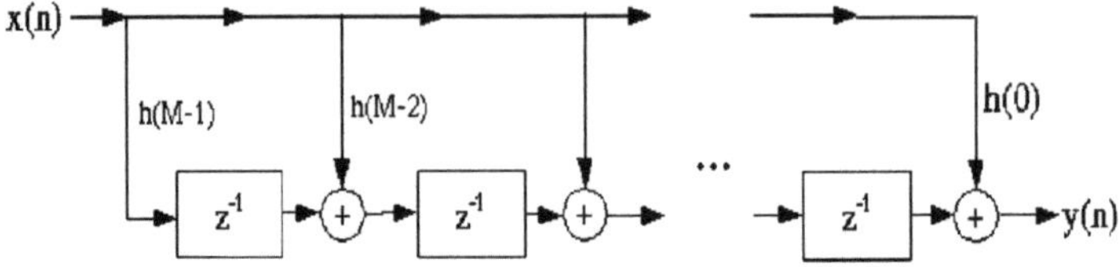

Figura 8: Filtro FIR com estrutura transposta (25)

Uma variante do filtro FIR direto é conhecida como filtro FIR transposto. Pode ser projetado com base no filtro FIR utilizando os seguintes passos:

$$X(K+1)= A.X(K)+B.U(K)$$
$$Y(K)=C.X(K)+D.U(k)$$

- o mudança na direção do fluxo do sinal,
- o Substituir o adder por uma ficha e vice-versa.

O filtro FIR transposto é mostrado na Figura 8 e é geralmente uma realização ideal do filtro FIR. A vantagem deste filtro é que não é necessário nenhum registo de deslocamento adicional para x[n] e não é necessária nenhuma fase de pipeline adicional para a adição do produto de (10).

1.3.3 Filtro IIR

O filtro IIR é descrito pela equação acima. Nesta equação, as constantes ak, x, y, bk são os coeficientes do filtro (4).

$$y(n)=b_0x(n)+ b_1x(n-1)+ b_2x(n-2)+\ldots\ldots b_Mx(n-M)$$
$$a_1y(n-1)- a_2y(n-2)-\ldots\ldots\ldots a_Ny(n-N)$$

Existem diferentes abordagens para a conceção de filtros IIS: forma direta I e forma direta II, mas o melhor desempenho é obtido quando a função de transferência é reduzida a uma equação estável, uma vez que isto reduz os erros na representação numérica dos coeficientes numa implementação equilibrada de (4).

O sistema tem uma representação infinita graças à seleção de diferentes conjuntos de variáveis de estado. A equação acima mostra a saída de um filtro IIR com uma série de entradas de comprimento K (4) :

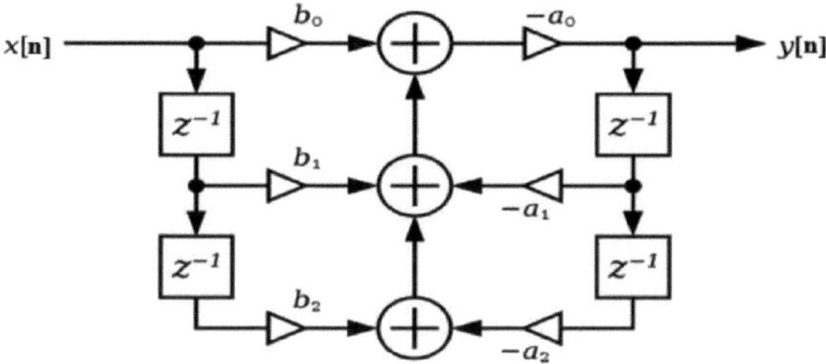

Figura 9: Filtro IIR

1.3.4 Filtro FIR versus filtro IIR

Os filtros IIR e FIR são utilizados para filtragem em sistemas digitais. Os filtros FIR têm um campo de aplicação mais alargado, uma vez que diferem na sua resposta. Os filtros FIR apenas têm contadores, enquanto os filtros IIR têm contadores e denominadores.

Os filtros IIR não são fáceis de controlar e não têm uma fase definida, enquanto os filtros FIR têm sempre uma fase linear. Os filtros IIR podem ser instáveis, ao passo que os FIR são sempre estáveis. Os filtros IIR podem ter ciclos limitados em comparação com os FIR, enquanto estes últimos não têm ciclos limitados (24). A IIR é derivada de um valor analógico, enquanto a FIR não tem antecedentes analógicos. Os filtros IIR são multifásicos, ao passo que os FIR são sempre aleatórios.

Os filtros FIR fornecem atrasos fraccionários constantes. O MAD (número de multiplicações e adições) é utilizado como um critério importante para comparar os filtros IIR e FIR. Uma vez que os filtros FIR são de ordem superior e os IIR de ordem inferior e utilizam estruturas multifásicas, os filtros IIR requerem mais componentes MAD do que os FIR (23).

Os filtros FIR dependem de propriedades lineares de fase, enquanto os filtros IIR são utilizados para aplicações que não são lineares de fase. As propriedades de atraso dos filtros FIR são muito melhores do que as dos filtros IIR, mas os filtros FIR são mais caros do que os filtros IIR. Por outro lado, os filtros IIR dependem tanto do sinal de entrada como do sinal de saída, enquanto os filtros FIR dependem apenas do sinal de entrada. Os filtros IIR são compostos por zeros e pólos e requerem menos memória do que os filtros FIR, enquanto os filtros FIR são compostos apenas por zeros. Os filtros IIR podem ser difíceis de implementar e os atrasos e as distorções também podem alterar os pólos e os zeros, tornando-os instáveis. Os filtros FIR, por outro lado, permanecem estáveis devido à sua resposta finita (24).

Capítulo 2

REVISÃO DA LITERATURA

Os multiplicadores são os blocos de construção de todas as aplicações DSP. Espera-se que os multiplicadores de baixa potência e alta velocidade reduzam a latência e a perda de potência do sistema de computação, uma vez que as operações de comutação e os cálculos críticos do multiplicador são elevados em comparação com outros blocos no percurso de dados da arquitetura de computação. Nos últimos anos, foram desenvolvidas várias técnicas para melhorar a precisão dos cálculos, removendo ou reorganizando os blocos do multiplicador. A escolha da técnica correta e a sua implementação podem ter um impacto considerável na dissipação de energia. Isto é importante para dispositivos de baixo consumo, alimentados por bateria, em que uma maior duração da bateria pode ser preferível a uma maior precisão de saída. Foram efectuadas muitas modificações ao algoritmo de calibração existente para aumentar a sua velocidade. Foi efectuado um estudo comparativo simplificado de multiplicadores baseados na árvore Wallace-SPST e noutros métodos de multiplicação de baixo consumo (26).

2.1 TECNOLOGIAS DE BAIXO CONSUMO DE ENERGIA PARA CAIXAS DE VELOCIDADES

Ramon Canal **et al (5)** propuseram uma série de implementações de pipelines que tentam atingir um baixo nível de atividade, oferecendo ao mesmo tempo um nível aceitável de desempenho. O pipeline sequencial de bytes é muito simples do ponto de vista do hardware, mas aumenta o CPI em 79%. Para algumas aplicações de muito baixo consumo, isto pode representar um nível aceitável de desempenho, caso em que uma implementação sequencial de bytes seria uma óptima escolha. Para aumentar o débito de um circuito ou sistema de alta velocidade, é utilizada uma técnica de pipelining, que envolve a divisão de todo o sistema em várias pequenas fases em cascata e a inserção de alguns registos para sincronizar a saída de cada fase. Quanto maior for o número de cascatas, maior será o consumo de superfície e de eletricidade. Por este motivo, pode ser utilizada uma técnica de pipelining nos multiplicadores em árvore Wallace para melhorar o desempenho. Os multiplicadores com pipelining também são úteis quando o desempenho aritmético é mais importante do que a latência, uma vez que a utilização de registos ao longo da matriz reduz a atividade desnecessária. São conseguidas poupanças substanciais de atividade (e, por conseguinte, de energia) em cada fase do pipeline.

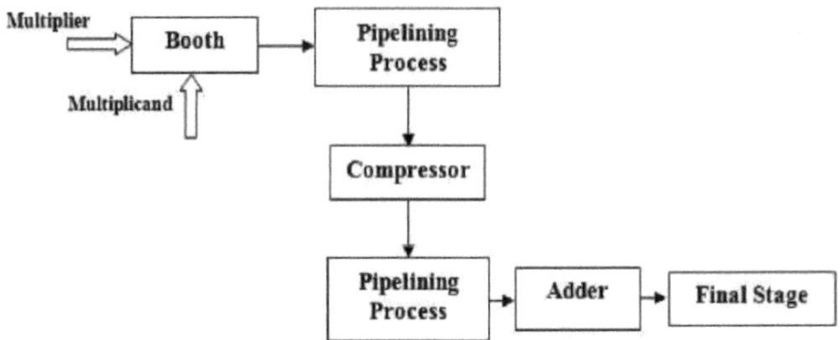

Fig. 10: Esquema de funcionamento do multiplicador de tapete rolante

***C Andrea* et al (6)** estudaram as caraterísticas de área, atraso e desempenho dos multiplicadores Dudd e Wallace com compressão de colunas em tecnologia Deep-Submicron. A sua análise mostra que os multiplicadores Wallace ocupam uma superfície ligeiramente maior e, no pior dos casos, apresentam aproximadamente o mesmo atraso que os multiplicadores Dudd (6). Também mostra a importância de ter em conta a capacitância parasita ao calcular o atraso dos multiplicadores de compressão de coluna, uma vez que a capacitância parasita pode aumentar o atraso de um multiplicador em mais de 60%. Quando o tamanho do multiplicador aumenta, a relação potência/área também aumenta devido a linhas de ligação mais longas e mais falhas. À medida que o comprimento de palavra dos operandos aumenta, a área e o consumo de energia dos multiplicadores com compressão de colunas aumentam devido à influência dos contadores nas matrizes de redução (6).

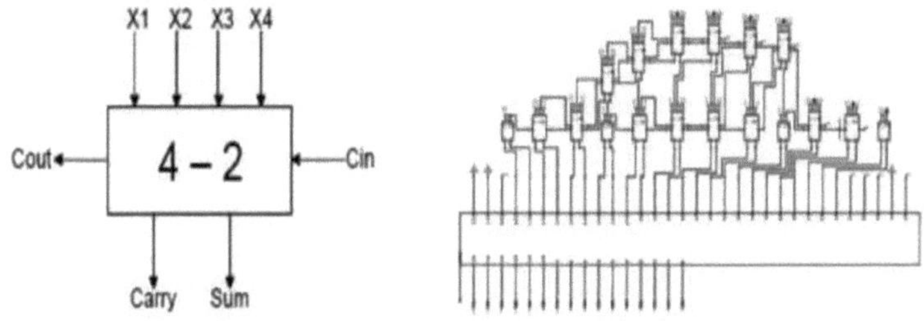

Figura 11: Compressor 4:2 e multiplicador de compressor baseado no veio Wallace

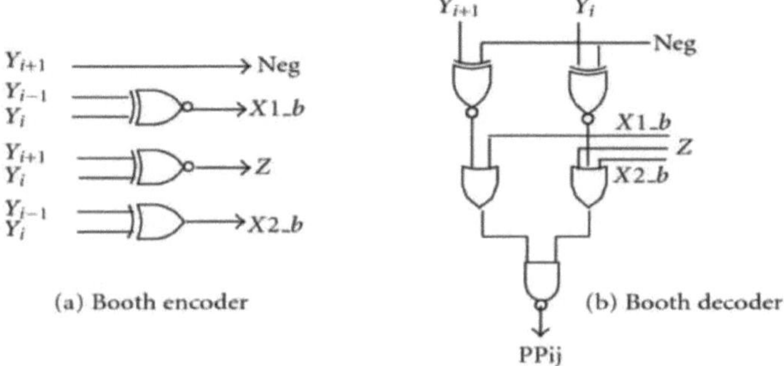

Fig 12: Modified booth encoder and decoder

Kiwon Choi **et al (7)** propuseram um multiplicador de 32x32 bits de elevado desempenho para núcleos DSP. O multiplicador é composto por um novo codificador de banco com seleção de sinal, um bloco de compressão de dados eficiente com um novo somador completo composto e um somador condicional de 64 bits com um bloco para gerar um transporte dividido. O multiplicador de 32x32 bits foi inteiramente concebido por medida e contém cerca de 28 000 transístores numa área ativa de 1,59" **x** 1,68 mm em tecnologia CMOS de 0,6um (7). De acordo com os resultados experimentais, o tempo de multiplicação do multiplicador de 32x32 bits é de aproximadamente 9,8 ns com uma alimentação de 3,3 V e um consumo de energia de aproximadamente 186 mW a 100 MHz (7).

Nan-Ying Shen **et. al (9)** propuseram multiplicadores de 16x16 bits baseados nas abordagens de baixa energia de Y. Goldovsky e Mahanta-Sheni (8). O multiplicador de baixo consumo de energia de Goldovsky e Mahanta-Sheni foi implementado individualmente (8). Para ilustrar o multiplicador de baixa perda de potência, foi efectuada uma análise teórica da atividade de comutação dos produtos parciais. O multiplicador proposto poupa mais de 14%, 30% e 31% de potência, respetivamente. Os multiplicadores aqui propostos podem, por conseguinte, ser utilizados em diferentes ambientes para obter um baixo consumo de energia a um custo de hardware razoável (8).

Kuan-Hung Chen **et al (10)** desenvolveram um somador baseado em SPST com baixo consumo de energia.

É depois utilizado no multiplicador para reduzir o consumo de energia e atingir uma velocidade elevada. O somador é constituído por dois blocos, um para o MSB, conhecido como a parte mais significativa (MSP), e outro para o LSB, conhecido como a parte menos significativa (LSP). O somador LSP é implementado como um somador tradicional (9). O MSP difere do design do somador mostrado e é modificado com lógica de pré-computação, buffers para armazenar o transporte indesejado e um circuito de extensão de sinal (9). O componente de pré-computação utiliza um bloco de deteção para detetar comutação indesejada na entrada MSB e requer uma saída da parte LSP do somador modificado. A lógica de pré-cálculo ou de deteção fornece três saídas: fecho, carry_ ctrl e sinal. Utilizando a tecnologia CMOS de 0,18 m, o multiplicador de comutação SPST proposto consome apenas 0,0121 mW por MHz em aplicações de codificação de textura H.264 e oferece uma redução de energia de 40% (9).

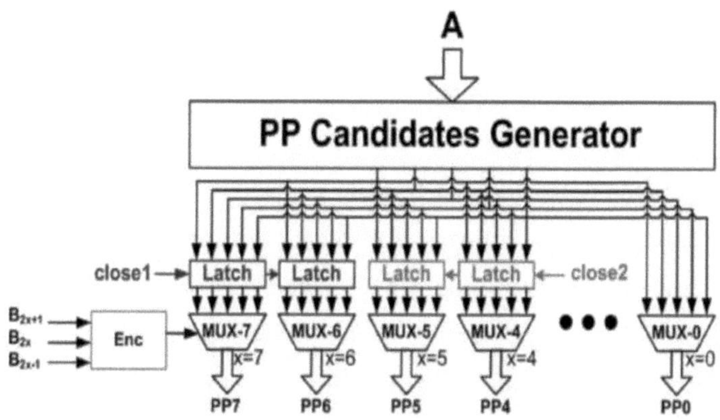

Fig. 13: Gerador de produto parcial com SPST

***Nikhil R. Mistri* et al (26)** propuseram uma implementação de 32 bits de "Urdhva Tiryakbhyam" e "Nikhilam Navatashcaramam Dashatah". Os multiplicadores deste trabalho são codificados na linguagem Verilog, sintetizados e modelados utilizando o Xilinx ISE 14.5 (26). Neste trabalho, os algoritmos Urdhva Tiryakbhyam e Nikhilam Sutra são comparados em termos de atraso de propagação, e verifica-se que o Urdhva Tiryakbhyam Sutra é mais rápido para menos bits por entrada, enquanto o Nikhilam Sutra é mais rápido para entradas maiores. Isto mostra que o Sutra Nikhilam Navatashkaramam Dashatah tem um melhor atraso no percurso combinacional e também ocupa uma área mais pequena do que o Sutra Urdhva Tiryakbhyam.

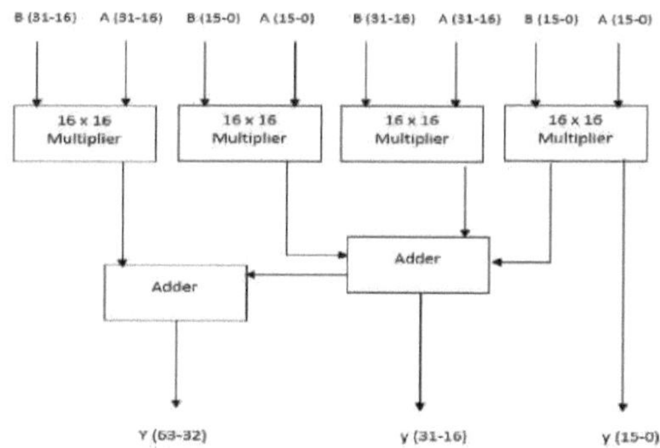

Figura 14: Multiplicador védico de 32 bits

***R. Bala Sai Kesava* et. al [25]** propuseram um novo projeto de multiplicador com CSLA. Para melhorar o desempenho deste multiplicador, o CSLA é substituído por um contador de excesso binário-1 (BEC) que reduz não só a área na porta mas também o consumo de corrente. Os cálculos de área e potência para o multiplicador em árvore de Wallace com CSLA e BEC dão bons resultados em comparação com o multiplicador em árvore de Wallace tradicional (25). Os resultados mostram que o multiplicador em árvore de Wallace com CSLA e BEC ocupa menos espaço e memória e consome menos energia do que o multiplicador em árvore de Wallace com CSLA e o multiplicador em árvore de Wallace. Esta abordagem fica ligeiramente atrás das outras duas abordagens.

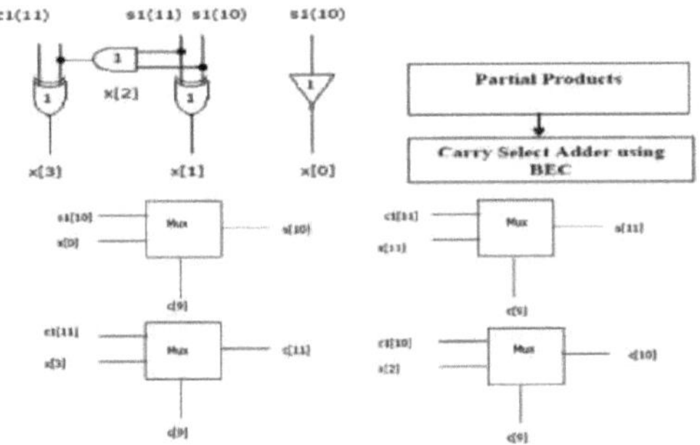

Figura 15: Multiplicador em árvore Wallace utilizando um somador completo e um multiplexador baseado em BEC

Capítulo 3

CONCEPÇÃO E METODOLOGIA

Neste trabalho, um multiplicador SPST foi desenvolvido e utilizado no filtro FIR para reduzir o seu consumo de energia. O diagrama de blocos deste multiplicador é apresentado na Figura 16.

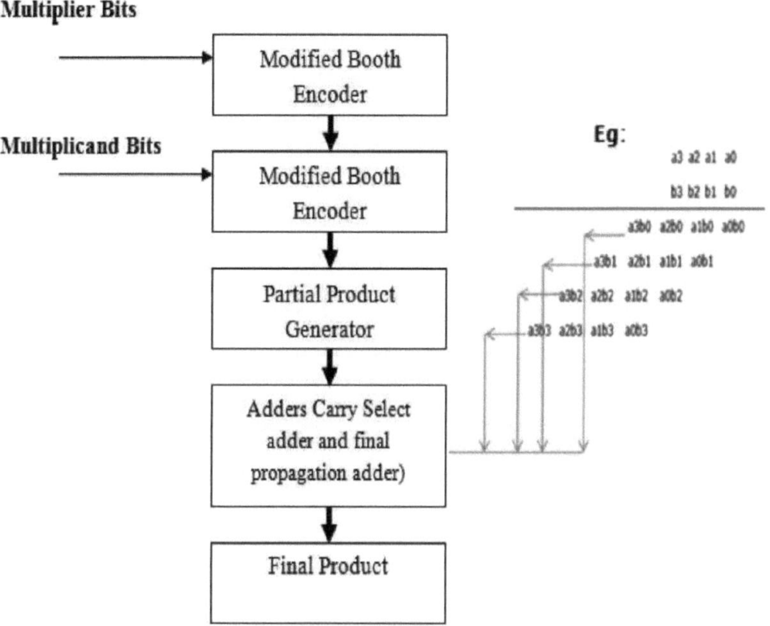

Figura 16: Multiplicador baseado em SPST

A metodologia de conceção deste redutor é representada sob a forma de um diagrama de blocos, como mostra a Figura 17.

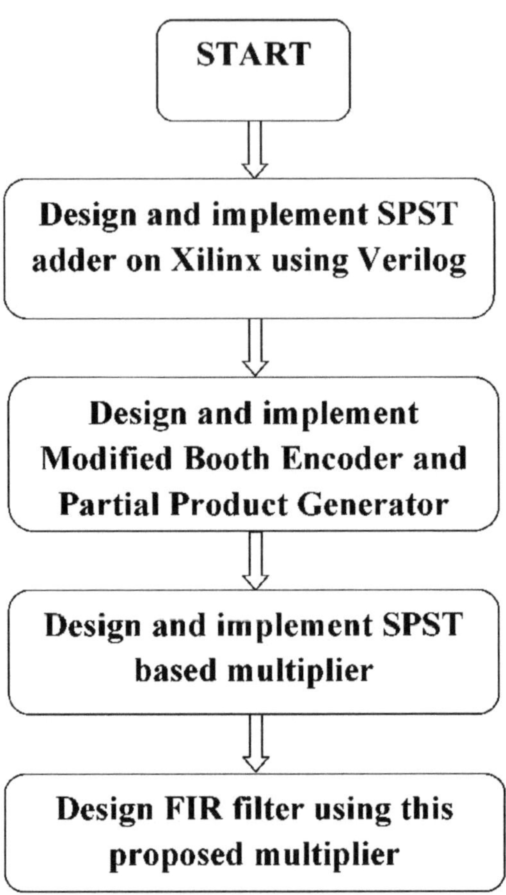

Figura 17: Diagrama funcional da metodologia

Capítulo 4

TRABALHO PROPOSTO

Os filtros FIR são um dos componentes mais importantes do processamento digital de sinais, e o multiplicador é um dos principais componentes dos filtros FIR (resposta impulsiva finita). Consequentemente, estão a ser desenvolvidos multiplicadores de alta velocidade e baixo consumo de energia para reduzir o tempo de funcionamento e a dissipação de energia do sistema de processamento, uma vez que os cálculos críticos e de comutação do multiplicador são elevados em comparação com outros blocos no caminho de dados do processador(19). Nos últimos anos, foram desenvolvidas várias técnicas para melhorar o desempenho e a precisão através da reorganização dos blocos do multiplicador. A escolha de uma técnica ou método de precisão e a sua implementação podem ter um impacto significativo nas perdas de potência. Este artigo apresenta um projeto em que uma versão melhorada da antiga técnica de supressão parasita (SPST) é aplicada a multiplicadores para reduzir a dissipação de energia e aumentar a velocidade. A comutação indesejada pode ser eliminada utilizando esta técnica (13). Para o conseguir, são possíveis duas abordagens: o desenvolvimento de um bloco de pré-computação com registos e a utilização de portas AND. Com a técnica proposta, o multiplicador baseado em SPST pode atingir um aumento de velocidade de cerca de 45% e uma redução de potência de cerca de 35%. O multiplicador proposto foi implementado em Xilinx 14.7 usando Verilog HDL e utilizado para reduzir significativamente a dissipação de potência do filtro FIR.

4.1 TÉCNICA DE SUPRESSÃO DE INTERFERÊNCIAS

A SPST é uma tecnologia VLSI de baixo consumo que reduz as comutações indesejadas para minimizar a perda de potência no circuito. Utiliza circuitos lógicos de deteção para reconhecer a gama de dados efectiva dos dispositivos aritméticos, como um somador. Se uma parte dos dados não tiver influência no resultado final da adição, o circuito de controlo de dados SPST retém essa parte para evitar atividade de comutação de dados desnecessária no somador. Este controlo de dados

Este bloco assegura uma redução significativa do desempenho (15). É constituído por um bloco lógico de pré-cálculo que divide a área de dados do bloco aritmético em duas categorias, consoante afectem ou não o resultado. Se uma parte dos dados MSB não afetar o resultado final, é armazenada pelo trinco SPST do somador para evitar comutações indesejadas nos multiplicadores ou somadores, o que contribui significativamente para a redução do desempenho (24).

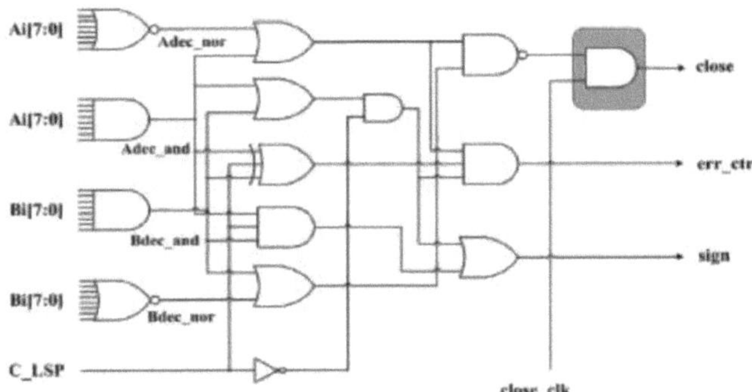

Figura 18: Lógica de reconhecimento

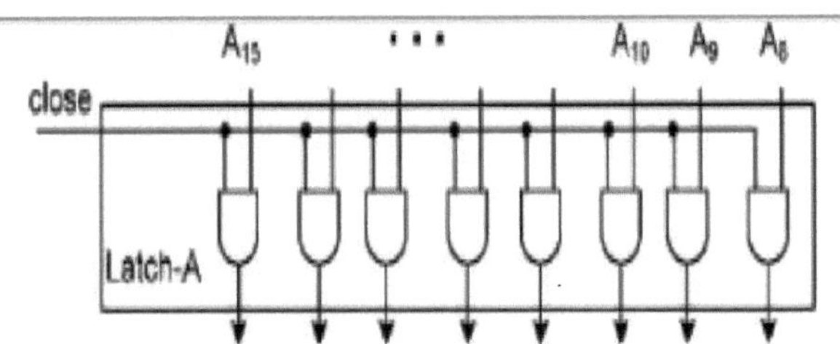

Fig. 19: Esquema de bloqueio

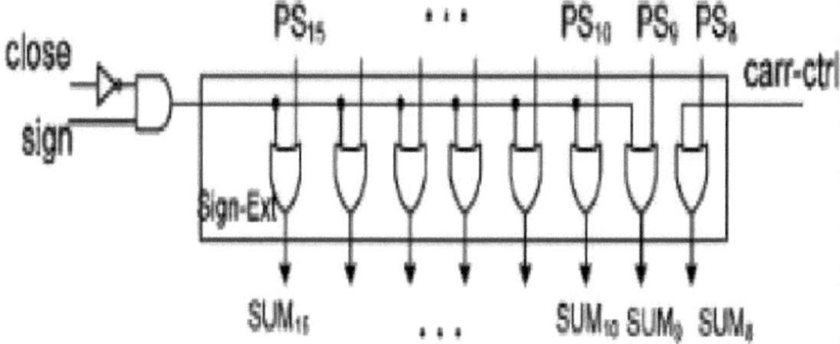

Fig. 20: Representação esquemática da extensão do carácter

O método SPST para multiplicadores baseia-se principalmente num algoritmo de bootstrap modificado ou num algoritmo de bootstrap Radix-4. Funciona recodificando o multiplicador e reduzindo o número de produtos parciais durante a multiplicação, o que aumenta a velocidade do processo de multiplicação e aumenta a dissipação de energia ao eliminar actividades de comutação redundantes (25).

4.1.1 Algoritmo de Booth modificado Radix 4

Os produtos parciais não são formados por deslocação no algoritmo de Booth modificado em Radix 4. Este baseia-se na técnica de agrupamento ou recodificação de 3 bits (8).

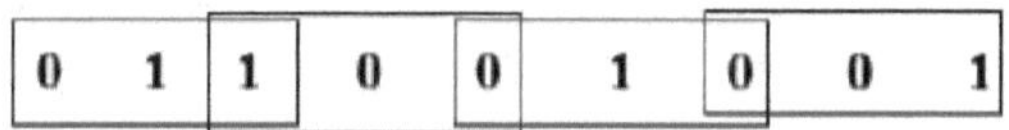

Fig 21: Three bit encoding or grouping

A figura 21 mostra o agrupamento dos termos do multiplicador. A recodificação depende do agrupamento dos bits do multiplicador. Os zeros e uns nos membros do multiplicador determinam os valores de recodificação dos bits agrupados. Como o agrupamento é feito com três bits em cada membro, o valor de recodificação começa tipicamente com 000 e termina com um valor de 111. A tabela seguinte mostra os valores de recodificação para os membros agrupados.

Tabela 1: Algoritmo de referência Radix 4

Block	Re-Coded Digit	Operation On X
000	+0	0A
001	+1	+1A
010	+1	+1A
011	+2	+2A
100	-2	-2A
101	-1	-1A
110	-1	-1A
111	0	0A

4.2 SOMADOR DE ALIMENTAÇÃO DE TRANSFERÊNCIA BASEADO NA TECNOLOGIA SPST

A Figura 22 (23) mostra um CLA de baixo consumo baseado em SPST. O somador proposto consiste em dois blocos, um para o MSB, conhecido como a Parte Mais Significativa (MSP), e outro para o LSB, conhecido como a Parte Menos Significativa (LSP). O somador LSP é implementado como um somador tradicional. O MSP difere do design do somador apresentado e é modificado com lógica de pré-computação, buffers para armazenar o transporte indesejado e um circuito de extensão de sinal. O componente de pré-computação utiliza um bloco de deteção para reconhecer a atividade de comutação indesejada da entrada MSB e o encerramento desejado da parte LSP do somador modificado (21). A lógica de pré-computação ou de deteção fornece três saídas: fecho, carry_ ctrl e sinal.

- **Fechar** - utilizado para ativar e desativar os circuitos MSP.
- **Carry_Ctrl** - Representa o (n/2)+1° bit do LSB de um somador de n bits.
- **Sinal** - Representa os restantes (n/2-1) bits do somador MSP de 'n' bits.

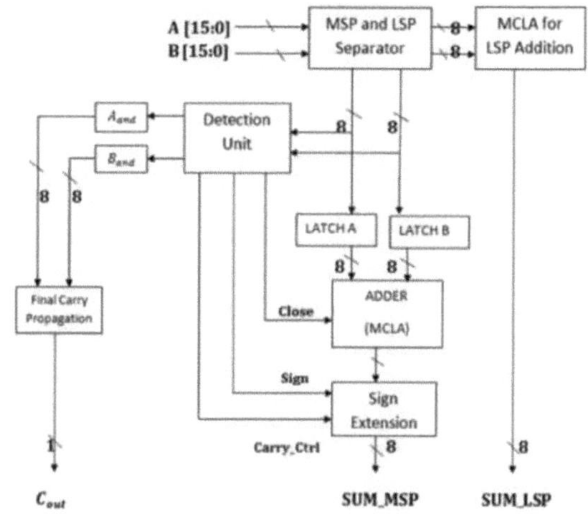

Figura 22: Somador de transporte para a frente com SPST (20)

4.3 SOMADOR COM SELECÇÃO DE TRANSIÇÕES COM BASE NO SPST

O somador de seleção de transporte modificado utiliza uma técnica denominada técnica de supressão de interferências (16). Neste somador SPST carry-select, é utilizada uma unidade de deteção para evitar a transmissão indesejada de MSB. Esta técnica também permite a adição de números binários assinados com CSLA. No CSLA modificado, o somador é dividido em duas partes: MSB CSLA e LSB CSLA, como mostra a Figura 23.

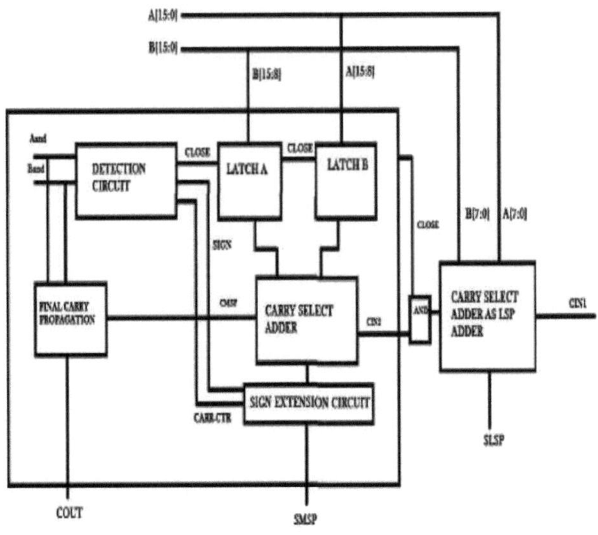

Figura 23: Somador com seleção de restrição com SPST

4.4 MULTIPLICADOR E FILTRO SPRUCE BASEADOS NA ÁRVORE DE WALLACE

O projeto de multiplicador de 32 bits proposto foi implementado com Verilog HDL. O multiplicador é composto por um somador Carry-Select baseado em SPST e um codificador Bench modificado. Os elementos-chave deste multiplicador são a lógica de pré-computação e o esquema de extensão de sinal, que conduzem a uma redução dos produtos parciais e o tornam adequado tanto para números binários com sinal como sem sinal (16). A redução na geração de produtos parciais melhora o desempenho do multiplicador em termos de velocidade e dissipação. A funcionalidade do multiplicador de árvore Wallace de 32 bits proposto é sintetizada e simulada utilizando o simulador Xilinx ISIM (20).

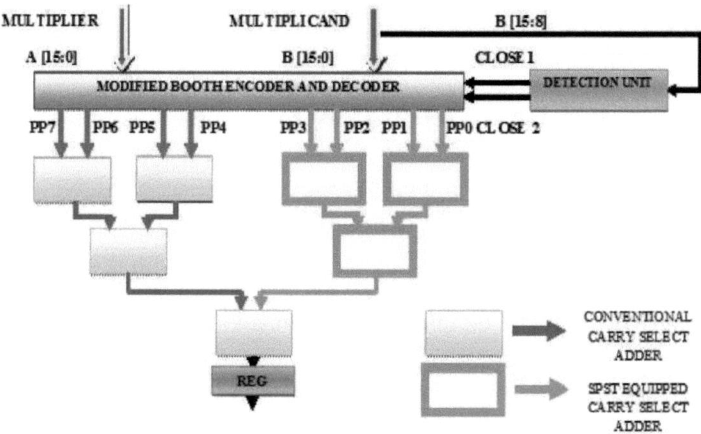

Figura 24: Multiplicador de árvore Wallace proposto

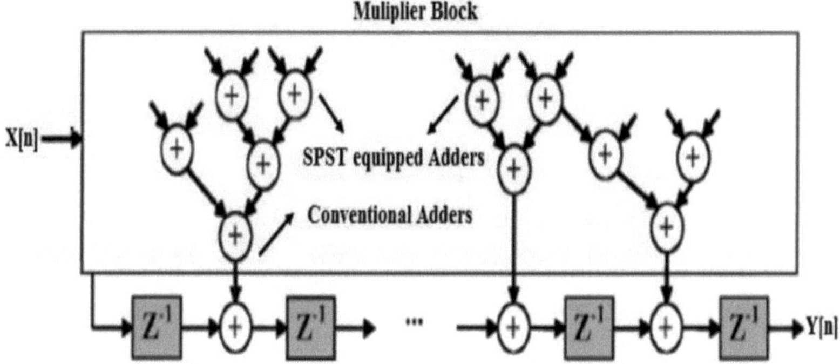

Figura 25: Filtro FIR proposto

CAPÍTULO 5

RESULTADOS DA MODELAÇÃO

O filtro FIR proposto com um multiplicador baseado em SPST foi implementado em Xilinx 14.7 com Verilog. Os diagramas de ligação e os oscilogramas de saída destas duas concepções propostas, bem como a unidade de deteção, o codificador de referência, os somadores convencionais e propostos, etc., são apresentados a seguir:

5.1 UNIDADE DE RECONHECIMENTO

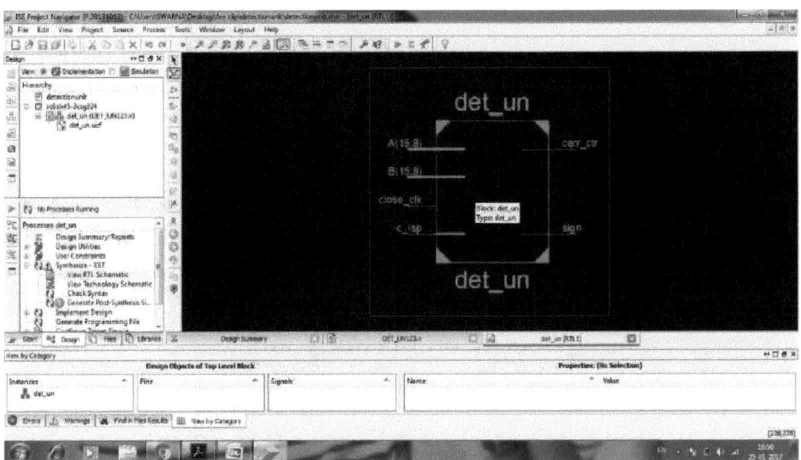

Figura 26: RTL da unidade de deteção

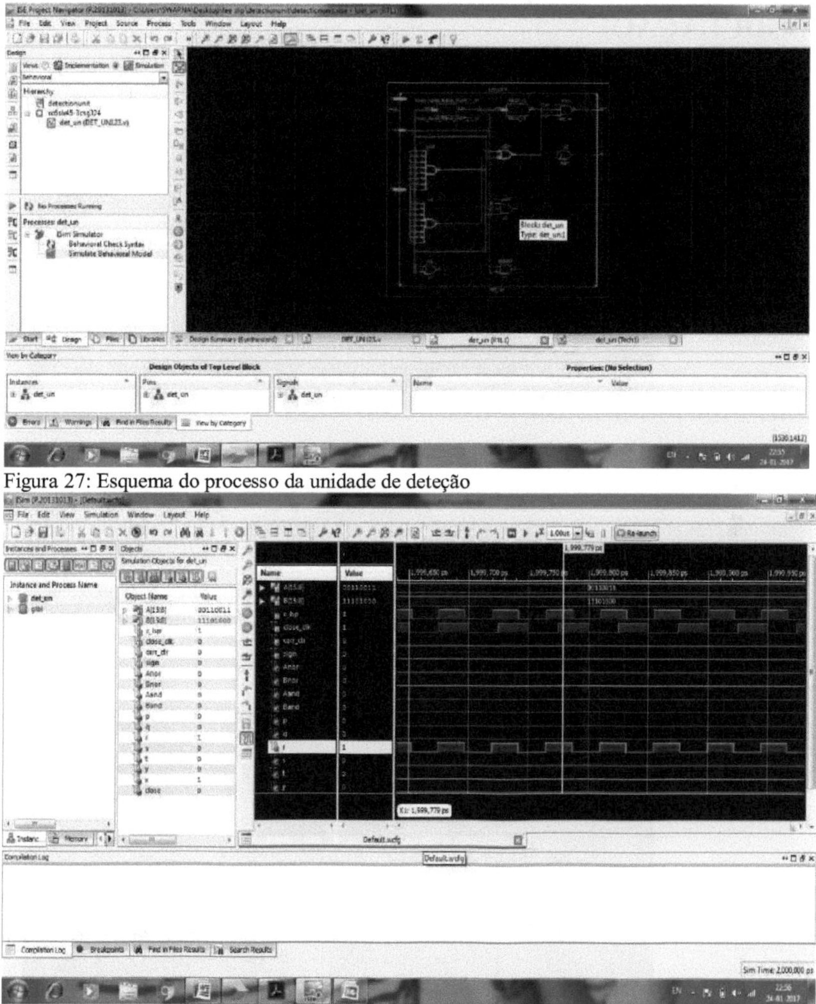

Figura 27: Esquema do processo da unidade de deteção

Fig. 28: Forma de onda de saída da unidade de deteção

5.2 SOMADOR CONVENCIONAL COM TRANSFERÊNCIA DE ONDULAÇÃO

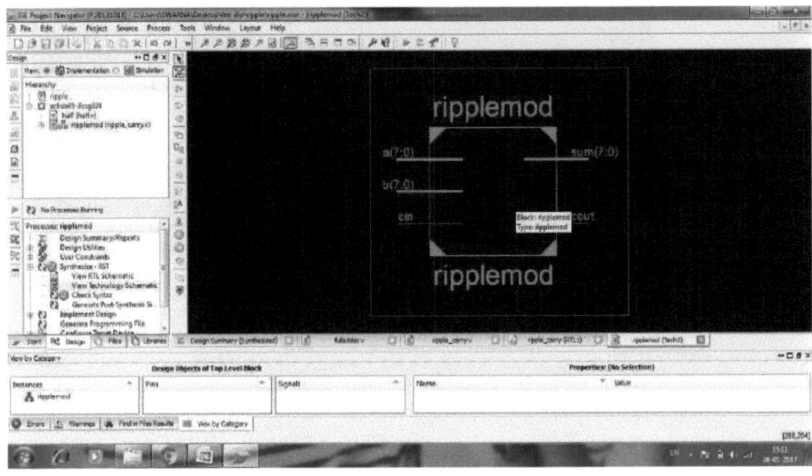

Figura 29: RTL de um multiplicador convencional com polarização de transferência

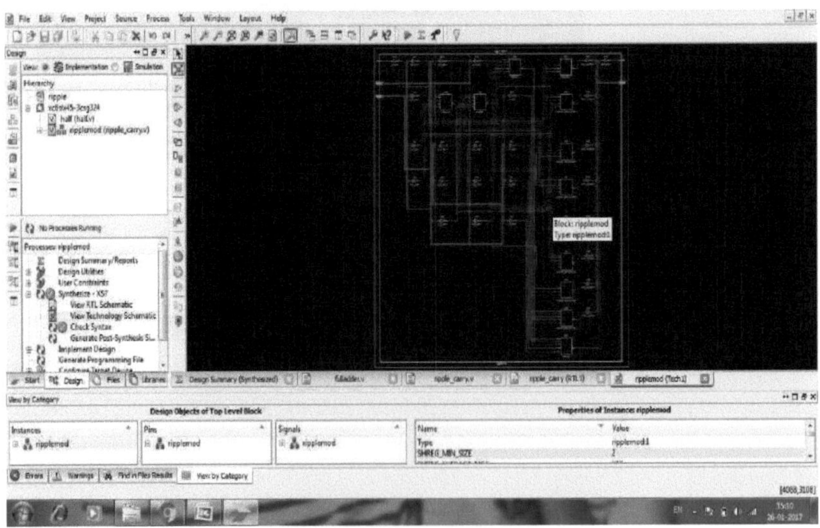

Figura 30: Representação esquemática de um multiplicador convencional com suavização

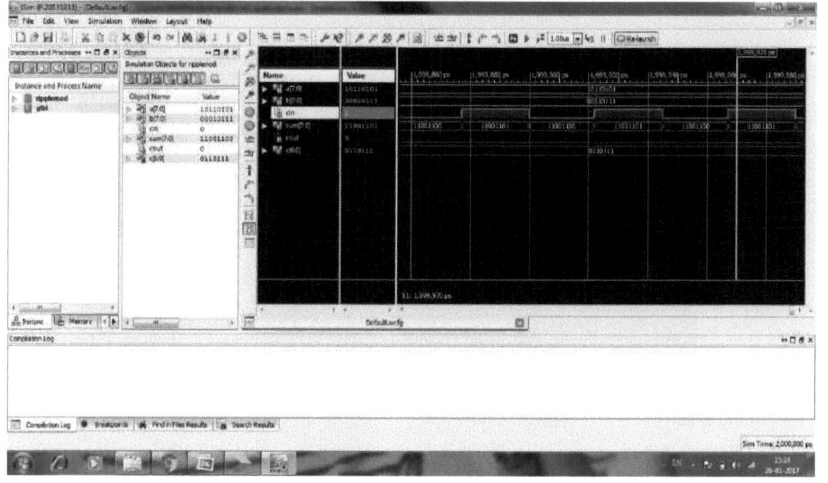

Figura 31: Forma de onda de um multiplicador convencional com polarização Kerry

5.3 ADDERS PORTANTS

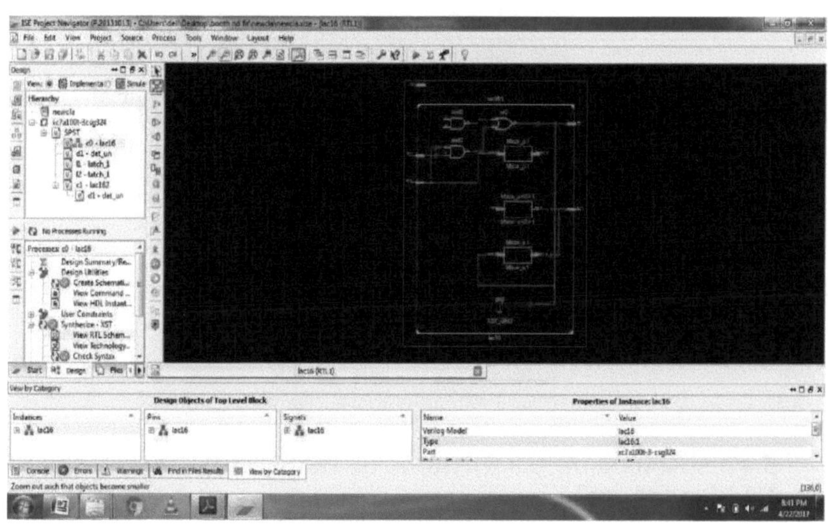

Figura 32: RTL de um subtrator convencional com View e Carry ahead

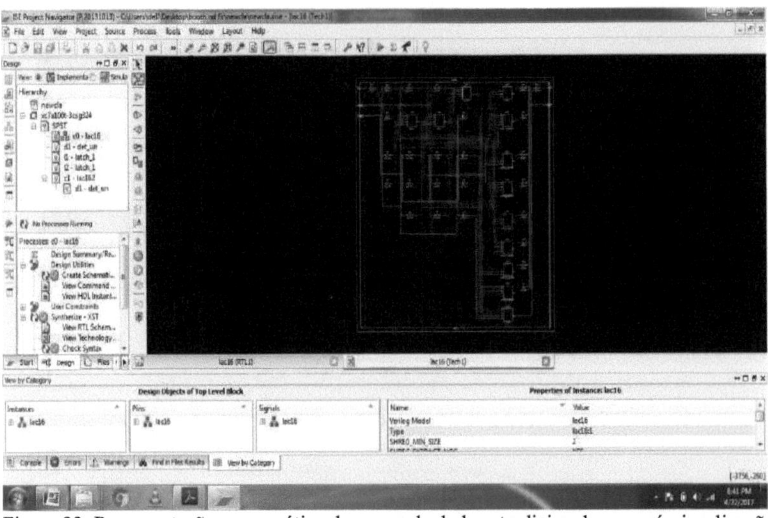

Figura 33: Representação esquemática de uma calculadora tradicional com pré-visualização Kerry

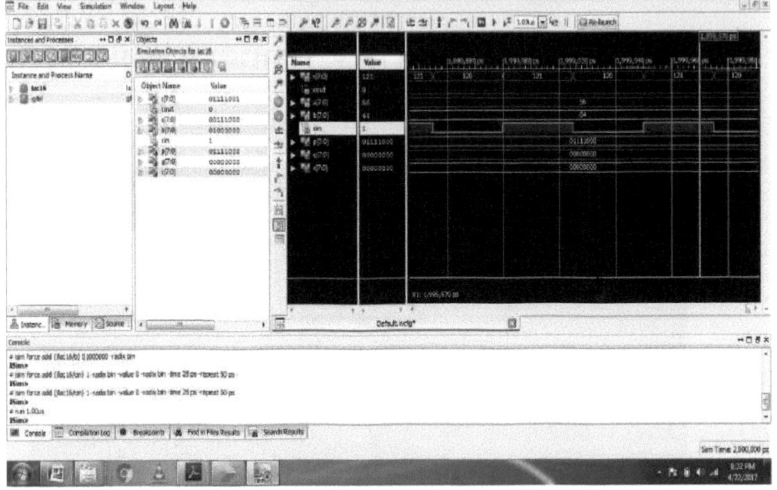

Figura 34: Forma de onda de um somador convencional com View e Carry Advance

5.4 SOMADOR DE ALIMENTAÇÃO DE TRANSFERÊNCIA BASEADO NA TECNOLOGIA SPST

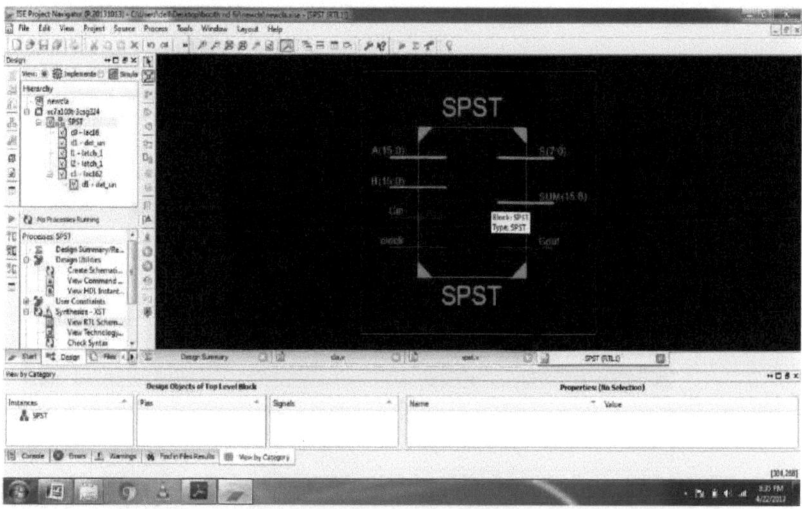

Fig. 35: Tradução RTL do adaptador SPST com vista e avanço de transmissão

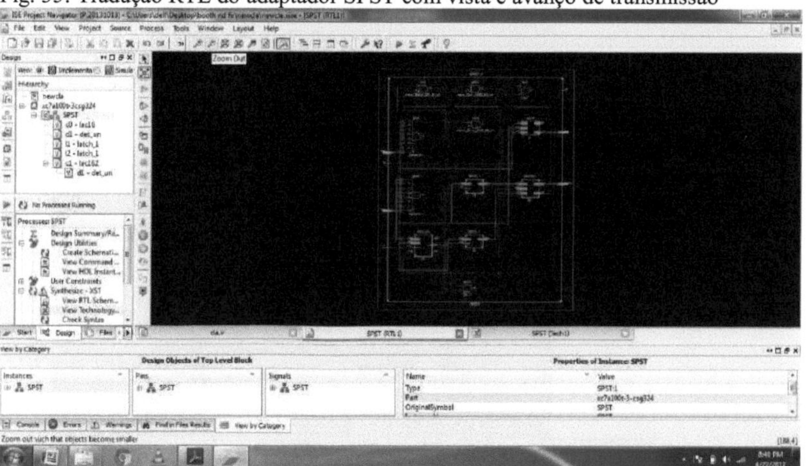

Figura 36: Representação esquemática do somador SPST com vista e avanço de transmissão

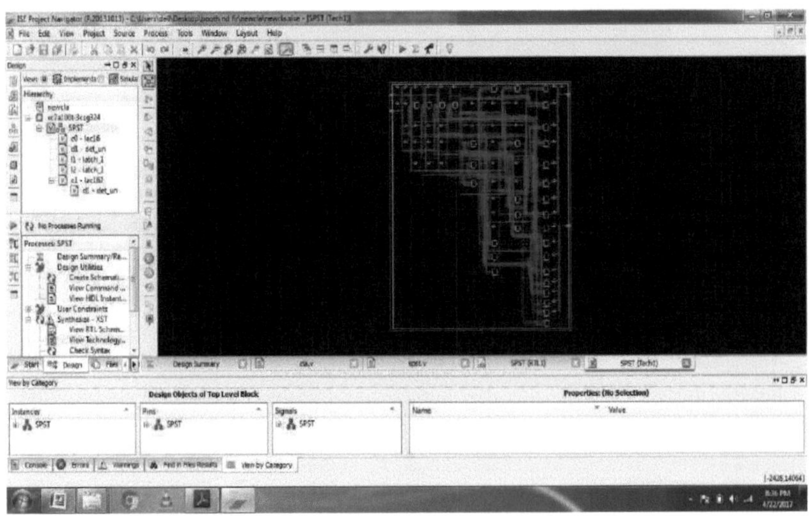

Figura 37: Representação esquemática do indutor SPST com seguimento e transmissão direta

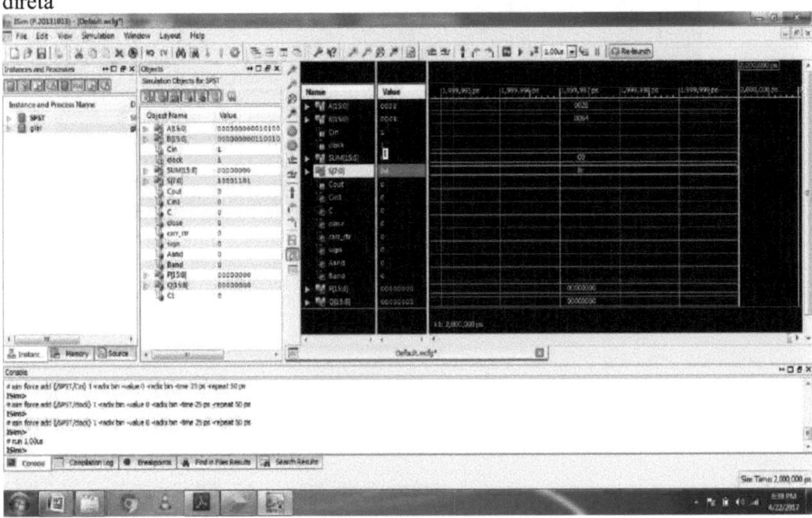

Figura 38: Forma de onda de um somador baseado em SPST com visualização kerry de ponta.

5.5 SOMADOR CONVENCIONAL COM SELECÇÃO DE TRANSFERÊNCIA

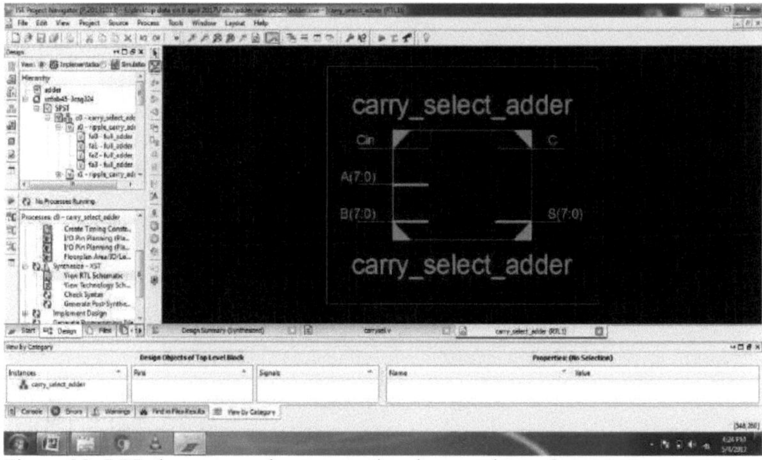

Figura 39: RTL de um somador convencional com seleção de retenção

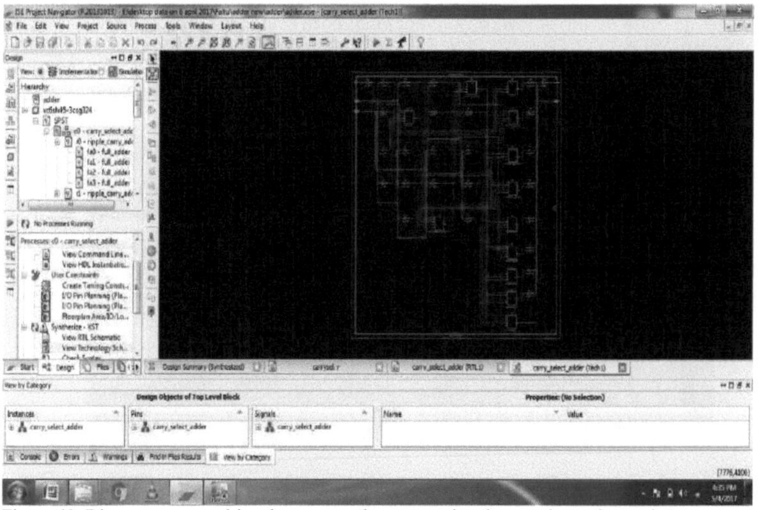
Figura 40: Diagrama esquemático de um somador convencional com seleção de restrições

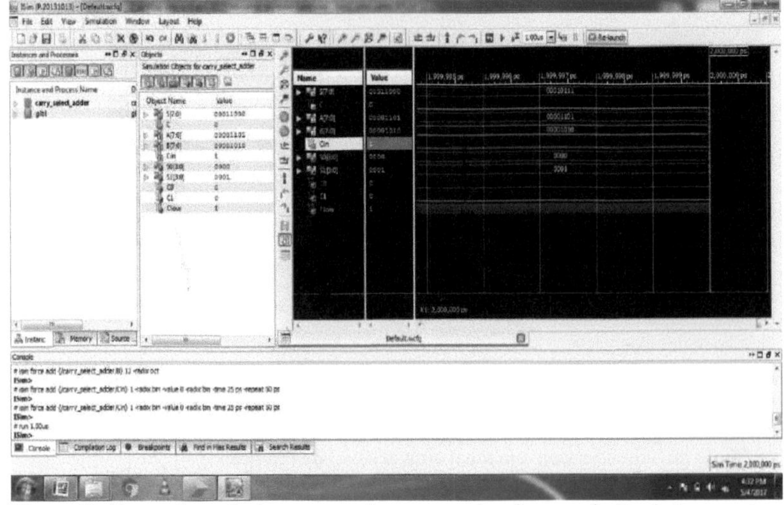

Figura 41: Forma de onda de um somador convencional com seleção de transporte

5.6 SOMADOR PROPOSTO COM SELECÇÃO DE RELATÓRIOS BASEADA NO SPST

Figura 42: RTL do computador de transferência selectiva proposto

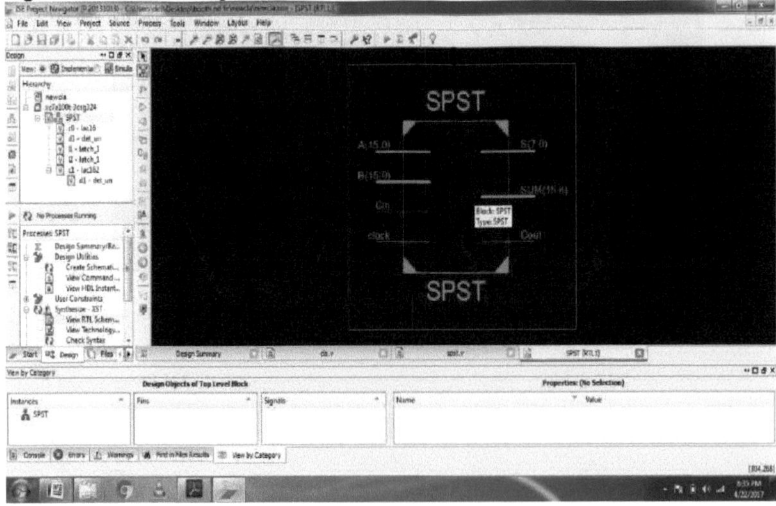

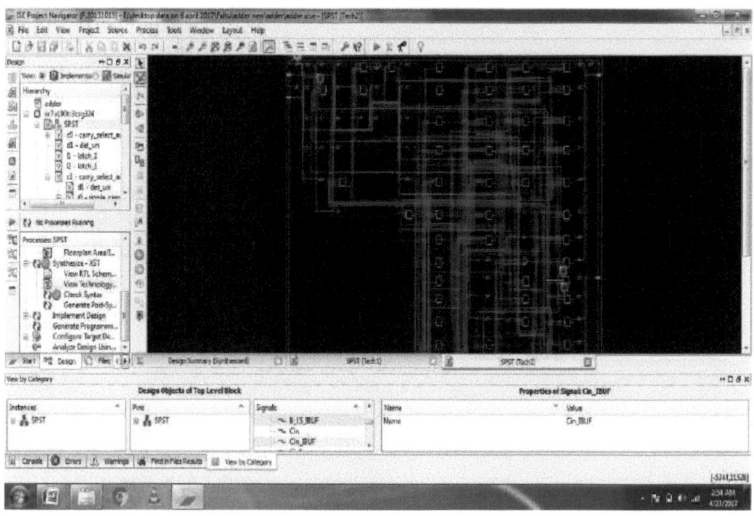

Figura 43: Representação esquemática da UCE proposta com opções de transferência

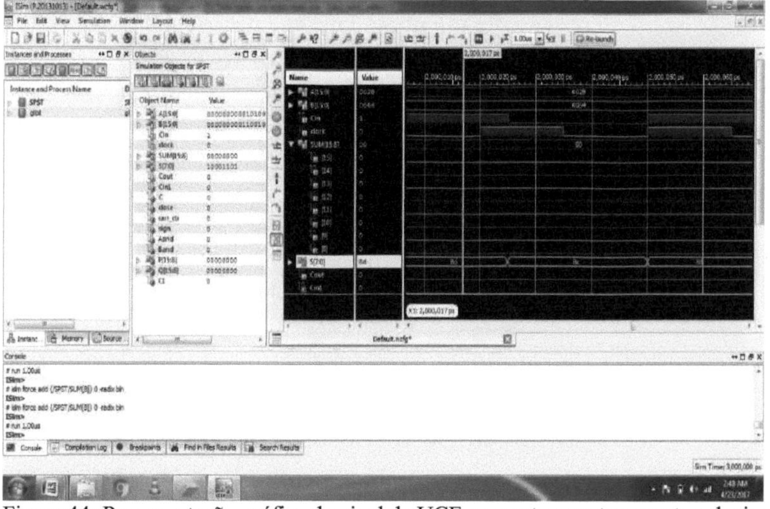

Figura 44: Representação gráfica do sinal da UCE proposta com transporte selecionado para números sem sinal

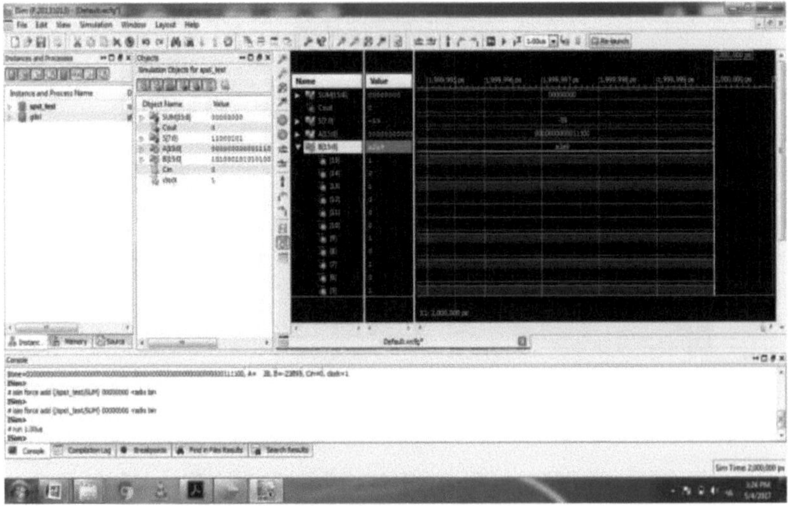

Figura 45: Forma de onda do somador Cased Carry Select proposto para números com sinal

5.7 CAB CODER

Figura 46: Codificador de cabina RTL

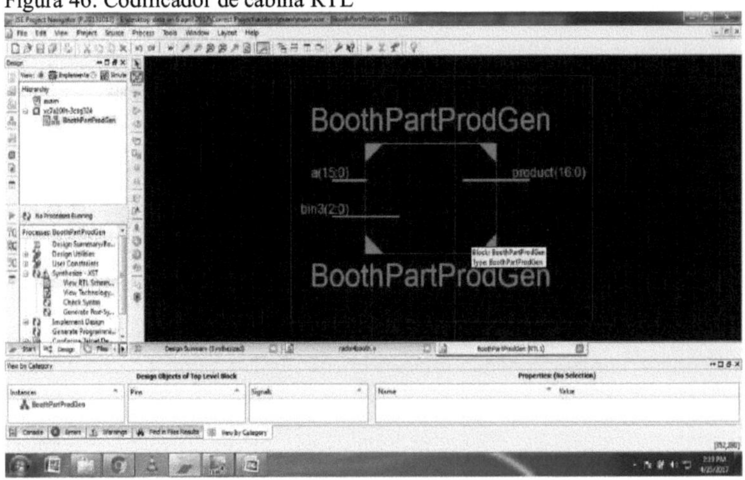

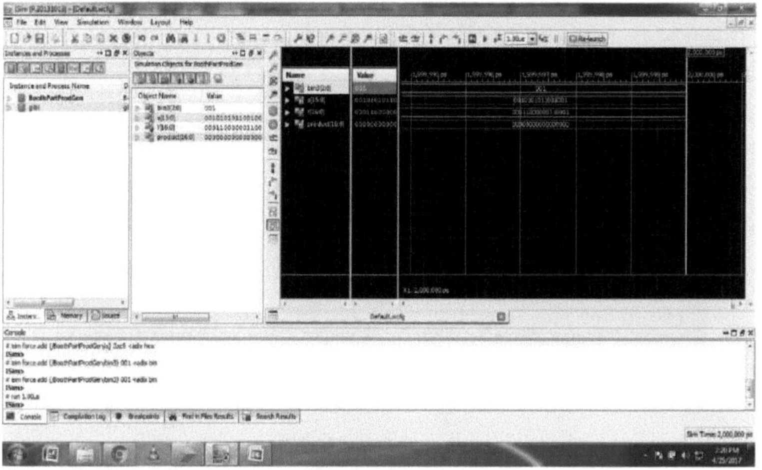

Figura 47: Forma de onda do codificador de ignição

5.8 MULTIPLICADOR PROPOSTO

Figura 48: Representação esquemática do multiplicador proposto

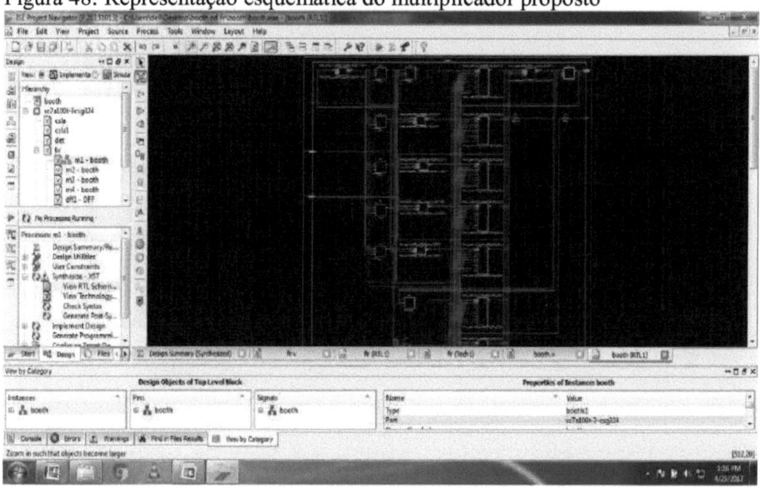

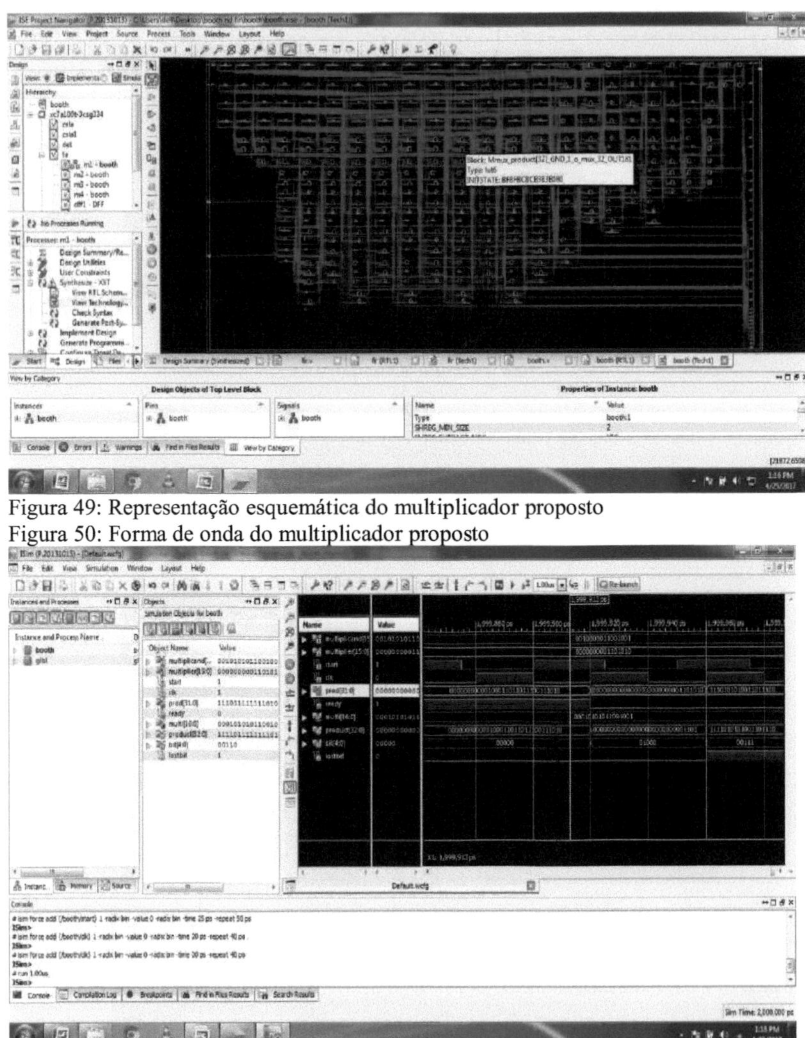

Figura 49: Representação esquemática do multiplicador proposto

Figura 50: Forma de onda do multiplicador proposto

5.9 FILTRO SUAVE

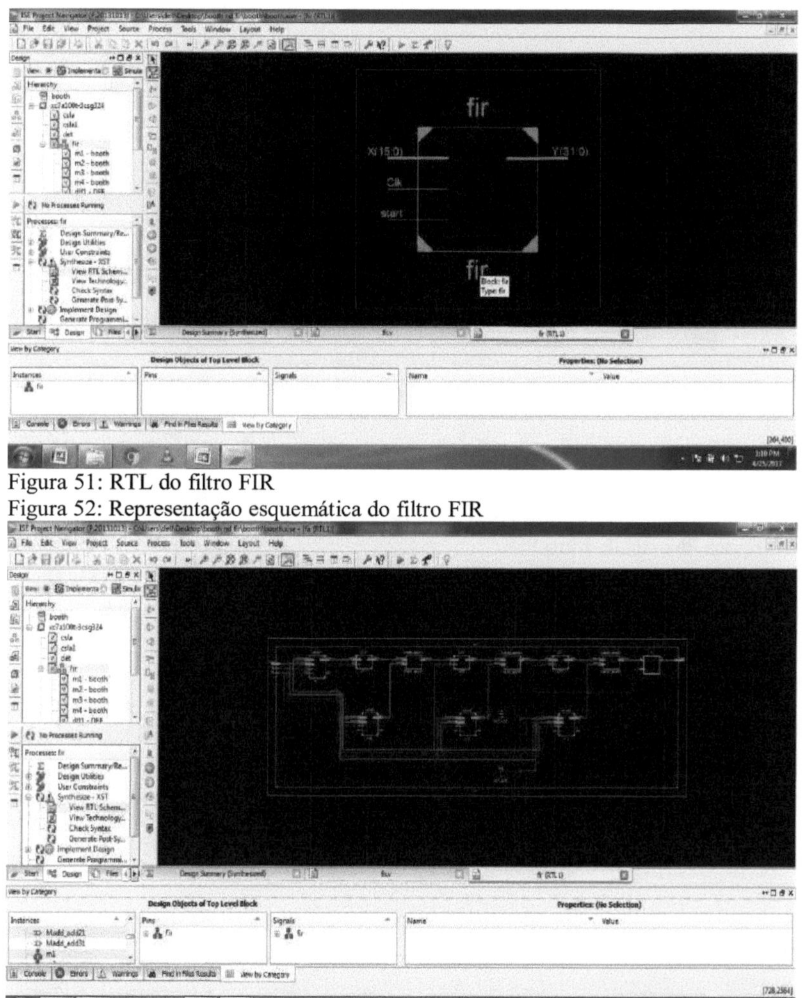

Figura 51: RTL do filtro FIR

Figura 52: Representação esquemática do filtro FIR

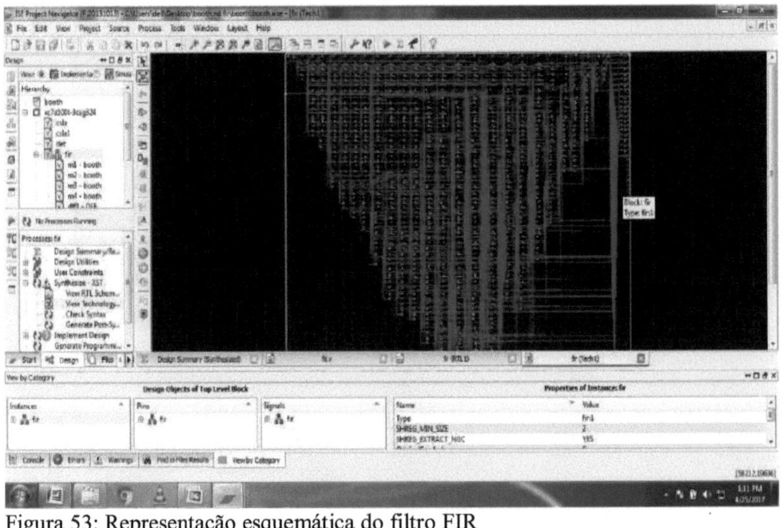

Figura 53: Representação esquemática do filtro FIR

Figura 54: Forma de onda do filtro FIR

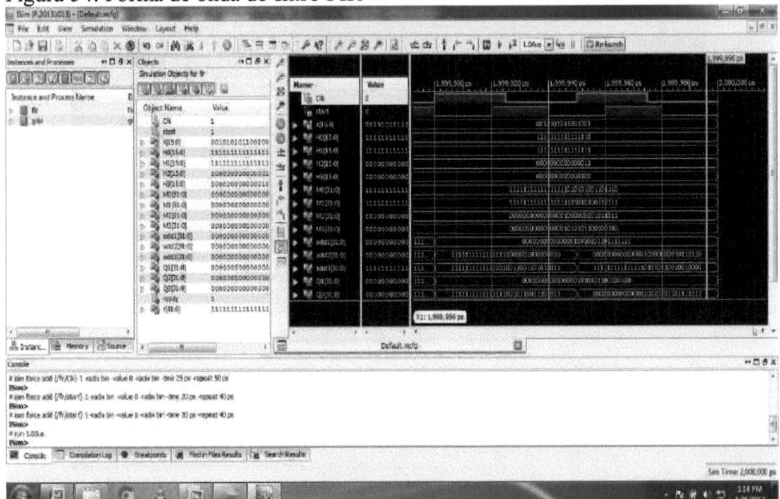

Table 2: Comparison of adders

S.No.	ADDERS	No. of LUT used	DELAY(ns)	POWER(mW)
1.	Carry Look Ahead Adder	24	5.695	123
2.	SPST Carry Look Ahead Adder	16	4.709	105.97
3.	Carry Select Adder	12	4.950	116.39
4.	SPST Carry Select Adder	8	3.095	82

Table 3: Comparison of Multipliers and FIR filters

S.No.	Circuit Name	Power Dissipation(W)	No. of LUT used	Delay (ns)
1	Conventional Wallace tree multiplier	0.091	129	2.932
2	FIR filter using Conventional Wallace tree multiplier	0.87	376	3.009
3	SPST based Wallace tree multiplier	0.036	112	1.021
4	FIR filter using SPST based Wallace tree multiplier	0.39	250	2.052

CONCLUSÃO

Como mostra a Tabela 2, o multiplicador e o filtro FIR baseados em SPST têm um melhor desempenho em comparação com outros modelos de multiplicadores e filtros FIR. A conceção proposta aumenta a velocidade do multiplicador e do filtro FIR em cerca de 28,5-40%, reduz o número de LUTs utilizadas em 15-17% e diminui a dissipação de energia do multiplicador e do filtro FIR em cerca de 35-48%, o que é muito melhor do que as concepções existentes do multiplicador e do filtro FIR.

Literatura

[1] Huang, Zhiujun. Métodos de otimização de alto nível para a conceção de caixas de velocidades energeticamente eficientes. Los Angeles, 2003.

[2] B. Rashidi, B. Rashidi e M. Pourormazd, "Design and implementation of a low power digital FIR filter based on multipliers and adders on xilinx FPGA", *2011 3rd International Conference* on *Electronic Computer Technology,* Kanyakumari, 2011, pp. 18-22.

[3] Uma visão geral dos diferentes tipos de multiplicadores **Soniya** e dispositivos de bateria multiplicadora. 4, Rohtak: IJETTCS, 2013, Vol.2.2278-6856

[4] Ethisis.nitrkl.ac.in. [em linha].

[5] E. C. Vivas Gonzalez, D. M. Rivera Pinzon, e E. J. Gomez, "Implementation and modelling of IIR digital filters in FPGAs using MatLab system generator", *2014 IEEE 5th Colombian Workshop on Circuits and Systems (CWCAS*), Bogotá, 2014, pp. 1-5.

[6] R. Canal, A. Gonzalez, e J. E. Smith, "Very low-power pipelines using significance compression," *Proceedings 33rd Annual IEEE/ACM International Symposium on Microarchitecture. MICRO-33 2000,* Monterey, CA, 2000, pp. 181190.

[7] K. K. Bickerstaff, E. E. Schwarzlander, e M. J. Schulte, "Analysis of multipliers with column compression," *Actas do 15° Simpósio IEEE sobre Aritmética Computacional. ARITH-15 2001*, Vail, CO, 2001, pp. 33-39. doi : 10.1109/ARITH.2001.930101.

[8] Kiwon Choi e Minkyu Song, "Design of a high-performance 32*32-bit multiplier with a novel Booth sign-selective coder", *ISCAS 2001. Simpósio Internacional IEEE de Circuitos e Sistemas 2001 (Cat. No. 01CH37196)*, Sydney, NSW, 2001, pp. 701-704, vol. 2.

[9] Nan-Ying Shen e O. T. C. Chen, "Low-power multipliers by minimising switching activity of partial products", *2002 IEEE International Symposium on Circuits and Systems. Proceedings (Cat.Nr.02CH37353)*,

2002, p. IV-93-IV-96, vol.4.

[10] K. H. Chen e Y. S. Chu, "A low-power multiplier with interference suppression technique", *IEEE Transactions on Very Large Scale Integration (VLSI) Systems*, vol. 15, n.º 7, pp. 846-850, julho de 2007.

[11] Dobragem eficiente em termos energéticos de filtros LMS adabáticos utilizando um esquema de transporte, SHALASH, Ahmed F. s.l. Jornal de processamento de sinais VLSI, 2000

[12] Projeto de um filtro FIR paralelo baseado na lei do espetro de frequência. Chung, Jin-Gyun, S.L. Eurasip journal on applied signal processing, 2001, vol.31.

[13] M. Ercegovac e T. Lang, "Fast multiplication without carry and add," IEEE Trans. Comput. vol. C-39, no. Power. C-39, no. *Power. 11,* pp. 13851390, Nov. 1990.

[14] L. Ciminiera e P. Montuschi, "Carry-save multiplication schemeswithout final addition," IEEE Trans. Comput. 45, no. 9, pp. 1050-1055,Sep. 1996 G. Dimitrakopoulos e D. Nikolos, "High-speed parallel-prefix VLSI adders," IEEE Trans . Comput. vol. 54, no. 2, pp. 225-231, Fev. 2005.

[15] Um gerador de produto parcial modificado para multiplicadores binários redundantes Xiaoping Cui, Weiqiang Liu, membro sénior do IEEE, Xin Chen, Earl E. Schwarzlander, Jr, membro vitalício do IEEE, e Fabrizio Lombardi , membro do IEEE, IEEE, IEEE TRANSACÇÕES SOBRE COMPUTADORES, VOL. 65, N.º 4, ABRIL DE 2016

[16] Projeto e implementação de um subtrator de alta velocidade com seleção de portadora" P.Prashanti Dr. B. Rajendra Naik ; International Journal of Engineering Trends and Technology (IJETT) - Volume 4 Issue 9- September 2013ISSN : 2231.

[17] 'Projeto de multiplicador de baixa potência / alta velocidade com técnica

de supressão de energia espúria Spst)' G. Sasi; IJCSMC, Vol. 3, Issue. 1, janeiro 2014, pg.37 - 41.

[18] 'Arquiteturas de vários somadores baseados em baixa potência e alta velocidade usando SPST' A. Prashanth, R. Paramesh Waran, Sucheta Khandekar e Sarika Pawar, Indian Journal of Science and Technology, Vol 9(29), DOI: 10.17485/ijst/2016/v9i29/93197, agosto de 2016.

[19] R. Pratibha, P. Sandhya, e R. Varun, "Design of high performance and low power multiplier using modified bench coder," *2016 International Conference on Electrical, Electronics and Optimisation Techniques (ICEEOT)*, Chennai, 2016, pp. 794-798.

[20] S. Ramakrishnan, G. Hemalatha, P. Mohan, e R. Seshadri, "Energy efficient Vlsi architecture using Sps technique," *2013 International Conference on Emerging Trends in VLSI, Embedded Systems, Nanoelectronics and Telecommunication Systems (ICEVENT)*, Thiruvannamalai, 2013, pp. 1-4.

[21] S. Ghanekar, *et al*, "Design and architecture of multiplier-free FIR filters using periodically timevarying ternary coefficients," *Circuits and Systems I: Fundamental Theory and Applications, IEEE Transactions on,* vol. 40, pp. 364370, 1993.

[22] Abou-Khater, A. Bellauar, e M. Elmasri, "Técnicas de comutação para CMOS

Low-power high-performance multipliers", *IEEE J. Solid-State Circuits*, vol.31, no.10, pp.1535-1546, Oct. 1996.

[23] E. de Angel e E. E. Schwarzlander, Jr., "Multiplicadores paralelos de baixo consumo".

Em *VLSI Signal Processing, IX*, pp.199-208, out. 1996.

[24] C.C. Bickerstaff, E.E. Schwarzlander, Jr. e M.J. Schulte, "Analysing the.

Multiplicadores com compressão de colunas", em *Proceedings of the 15th IEEE Symposium. Computer Arithmetic*, p.33-29, 2001.

[25] R. B. S. Kesava, B. L. Rao, K. B. Sindhuri e N. U. Kumar, "Baixa potência

and area-efficient Wallace tree multiplier using carry-select adder and binary to redundant-1 converter", *2016 Conference on Advances in Signal Processing (CASP)*, Pune, 2016, pp. 248-253.

[26] N. R. Mistri, S. B. Somani e V. V. Shete, "Desenvolvimento e comparação de

Um multiplicador que utiliza matemática védica," *2016 International Conference on Inventive Computing Technology (ICICT)*, Coimbatore, 2016, pp.

Printed by Books on Demand GmbH, Norderstedt / Germany